SITZUNGSBERICHTE DER SÄCHSISCHEN AKADEMIE
DER WISSENSCHAFTEN ZU LEIPZIG

Mathematisch-naturwissenschaftliche Klasse
Band 109 · Heft 7

WOLFGANG TUTSCHKE

KONSTRUKTION VON GLOBALEN LÖSUNGEN MIT VORGESCHRIEBENEN SINGULARITÄTEN BEI PARTIELLEN KOMPLEXEN DIFFERENTIALGLEICHUNGSSYSTEMEN

AKADEMIE-VERLAG · BERLIN
1972

SITZUNGSBERICHTE DER SÄCHSISCHEN AKADEMIE
DER WISSENSCHAFTEN ZU LEIPZIG

Mathematisch-naturwissenschaftliche Klasse
Band 109 · Heft 7

WOLFGANG TUTSCHKE

KONSTRUKTION VON GLOBALEN LÖSUNGEN MIT VORGESCHRIEBENEN SINGULARITÄTEN BEI PARTIELLEN KOMPLEXEN DIFFERENTIALGLEICHUNGSSYSTEMEN

AKADEMIE-VERLAG · BERLIN
1972

Vorgelegt durch Herrn Maier in der Sitzung am 24. Mai 1971
Manuskript eingeliefert am 22. Februar 1971
Druckfertig erklärt am 1. Dezember 1971

Erschienen im Akademie-Verlag GmbH, 108 Berlin, Leipziger Straße 3–4

Lizenznummer: 202 · 100/564/72
Gesamtherstellung: VEB Druckhaus „Maxim Gorki“, 74 Altenburg
Bestellnummer: 761 685 7 (2027/109/7) · ES 19 B 4
Printed in German Democratic Republic
4,50

Es sei f eine komplexwertige Funktion, die in einer offenen Menge der z-Ebene definiert sei. Erfüllt w die Differentialgleichung

$$\frac{\partial w}{\partial z} = f$$

bzw.

$$\frac{\partial w}{\partial z^*} = f,$$

so heißt w eine *Stammfunktion* im verallgemeinerten Sinn von f (vgl. [6])[1]). Mit Hilfe des aus der mehrdimensionalen Funktionstheorie stammenden COUSINschen Verfahrens (vgl. z. B. [1, 2, 4]) wurde in [7] gezeigt:

Sind (in einem einfach zusammenhängenden Gebiet) umgebungsweise Stammfunktionen bekannt, so kann man aus ihnen eine globale Stammfunktion konstruieren. Anders formuliert: Aus lokalen Lösungen der obigen Differentialgleichung kann man eine globale Lösung konstruieren. In der vorliegenden Arbeit soll gezeigt werden, daß durch diese Methode auch allgemeinere Differentialgleichungen erfaßt werden können. Dabei werden von vornherein gleich Differentialgleichungssysteme beliebiger Ordnung für m zu bestimmende Funktionen

$$w_i = w_i(z), \qquad i = 1, \ldots, m,$$

betrachtet. Darüber hinaus werden für die zu konstruierenden globalen Lösungen singuläre Bestandteile (lokal) vorgeschrieben. Abschließend werden die erhaltenen Ergebnisse auf Funktionen mehrerer komplexer Variabler übertragen.

Die zu betrachtenden Differentialgleichungssysteme

$$L_\nu[w_1, \ldots, w_m] = 0, \qquad \nu = 1, \ldots, r,$$

---

[1]) Durch eine Spiegelung an der reellen Achse kann $\frac{\partial w}{\partial z} = f$ in $\frac{\partial w}{\partial z^*} = f$ übergeführt werden.

sollen im Fall von Funktionen einer komplexen Variablen z folgende Voraussetzung erfüllen:

Ist $w_1, \ldots, w_m$ eine Lösung, so auch $w_1 + \varphi_1, \ldots, w_m + \varphi_m$, wobei die φ_j holomorphe Funktionen sind[1]).

Diese Bedingung erfüllen z. B. lineare (auch inhomogene) Differentialgleichungssysteme, bei denen in jedem Summanden mindestens einmal nach z^* differenziert wird[2]). Beispielsweise trifft dies für die Differentialgleichung

$$\frac{\partial^2 w}{\partial z\, \partial z^*} = 0$$

zu. Aber auch nichtlineare Differentialgleichungssysteme können die oben genannte Bedingung erfüllen, z. B.

$$\left(\frac{\partial w_1}{\partial z^*}\right)^2 + \frac{\partial^2 w_2}{\partial z\, \partial z^*} = 0,$$

$$\left(\frac{\partial w_1}{\partial z^*}\right)^2 + \left(\frac{\partial w_2}{\partial z^*}\right)^2 = 0.$$

Wie üblich heißt die höchste vorkommende Ableitungsordnung die *Ordnung* des Systems. Es sei U eine offene Menge in der z-Ebene, S (= Singularitätenmenge) eine Teilmenge von U und $\sigma_1, \ldots, \sigma_m$ seien in $U \setminus S$ definierte Funktionen. Jeder Punkt von S soll Häufungspunkt von $U \setminus S$ sein. Für Systeme der Ordnung k wird definiert:

Das Funktionensystem $w_1, \ldots, w_m$ heißt *Lösung* in U mit dem singulären Bestandteil $\sigma_1, \ldots, \sigma_m$, wenn gilt:

a) die w_j sind in $U \setminus S$ definiert, k-mal stetig differenzierbar und Lösung des gegebenen Systems,

b) die σ_j sind in $U \setminus S$ mindestens k-mal stetig differenzierbar,

c) es gibt m in U definierte (stetige) Funktionen $h_1, \ldots, h_m$, so daß

$$w_j = \sigma_j + h_j, \qquad j = 1, \ldots, m,$$

in $U \setminus S$ ist.

Im Fall von meromorphen Funktionen einer komplexen Variablen besteht S aus isolierten Punkten. Bei der Differentialgleichung

$$\frac{\partial^2 w}{\partial z^{*2}} + \frac{\partial^2 w}{\partial z\, \partial z^*} = 0$$

---

[1]) Entsprechend dem Übergang von $\frac{\partial w}{\partial z^*} = f$ zu $\frac{\partial w}{\partial z} = f$ kann man anstelle der Holomorphie der φ_j auch deren Antiholomorphie fordern.

[2]) Bzw. es wird (vgl. Anm. 2) in jedem Summanden wenigstens einmal nach z differenziert.

kann man als Funktion σ z. B.

$$\sigma(z) = \frac{1}{z - z^*}$$

nehmen. Dann ist S die reelle Achse und $w(z) = \sigma(z)$ ist außerhalb der reellen Achse $(h(z) = 0)$ Lösung der Differentialgleichung.

Eine Menge M soll LEBESGUE*sche Ausnahmemenge* heißen, wenn zu jedem $\varepsilon > 0$ eine offene Menge O_ε existiert, so daß gilt:

a) $M \subset O_\varepsilon$,

b) jedes in O_ε enthaltene (endliche) Intervallnetz hat ein Maß, das kleiner als ε ist.

Gilt eine Aussage in allen Punkten einer Menge, abgesehen von einer LEBESGUEschen Ausnahmemenge, so sagt man, daß diese Aussage fast überall (f. ü.) gilt.

Die $w_1, \ldots, w_m$ heißen eine *f. ü.-Lösung* mit dem singulären Bestandteil $\sigma_1, \ldots, \sigma_m$, wenn gilt

a) die w_j sind in $U \setminus S$ definiert und stetig,

b) die w_j sind in $U \setminus S$ f. ü. k-mal stetig differenzierbar und f. ü. Lösung des Systems,

c) die σ_j sind in $U \setminus S$ mindestens k-mal stetig differenzierbar,

d) es gibt m in U definierte (stetige) Funktionen $h_1, \ldots, h_m$, so daß

$$w_j = \sigma_j + h_j$$

in $U \setminus S$ ist.

Sind $w_1, \ldots, w_m$ in U und $w_1', \ldots, w_m'$ in U' Lösungen mit gewissen singulären Bestandteilen, so wird definiert:

Die Lösungen bzw. f. ü.-Lösungen $w_1, \ldots, w_m$ und $w_1', \ldots, w_m'$ heißen *verträglich*, wenn gilt:

In $U \cap U'$ gibt es stetige Funktionen $d_1, \ldots, d_m$, so daß

$$w_j = w_j' + d_j$$

gilt für alle Punkte von $U \cap U'$, in denen die w_j und die w_j' definiert sind.

Ist f eine komplexwertige Funktion von der Variablen $\zeta = \xi + i\eta$ und besitzt f stetige partielle Ableitungen nach ξ, η, so erfüllt f (in einer konvexen Menge) eine komplexe LIPSCHITZ-*Bedingung* der Form

$$|f(\zeta) - f(z)| \leqq C\,|\zeta - z|. \tag{1}$$

Denn es ist ($z = x + iy$, $f = u + iv$)

$$f(\zeta) - f(z) = \big(u(\xi, \eta) - u(x, y)\big) + i\big(v(\xi, \eta) - v(x, y)\big).$$

Wendet man auf Real- und Imaginärteil den Mittelwertsatz an und ist $\frac{C}{4}$ eine Schranke für die Beträge der partiellen Ableitungen von u, v bezüglich ξ, η, so folgt

$$|f(\zeta) - f(z)| \leqq 2\,\frac{C}{4}\,|\xi - x| + 2\,\frac{C}{4}\,|\eta - y| \leqq C\,|\zeta - z|.$$

Ist beispielsweise

$$f(z) = \begin{cases} \frac{1}{8}\,(z + z^*)^2, & \operatorname{Re}[z] \geqq 0, \\ -\frac{1}{8}\,(z + z^*)^2, & \operatorname{Re}[z] \leqq 0, \end{cases}$$

so ist wegen $f(iy) = 0$ die Funktion f in der ganzen z-Ebene stetig. Setzt man $f = u + iv$, so ist

$$u(x, y) = \begin{cases} \frac{1}{2}\,x^2, & x \geqq 0 \\ -\frac{1}{2}\,x^2, & x \leqq 0 \end{cases}$$

und

$$v(x, y) = 0, \qquad \forall\,(x, y).$$

Daraus folgt

$$\frac{\partial u(x, y)}{\partial x} = |x|, \quad \frac{\partial u(x, y)}{\partial y} = 0, \quad \frac{\partial v(x, y)}{\partial x} = 0, \quad \frac{\partial v(x, y)}{\partial y} = 0.$$

Wegen der Stetigkeit der partiellen Ableitungen erster Ordnung von u und v erfüllt f die komplexe LIPSCHITZ-Bedingung (1), wobei zu jedem kompakten Teil der z-Ebene eine zugehörige LIPSCHITZ-Konstante C gehört. Wegen

$$\frac{\partial f}{\partial z^*} = \begin{cases} \frac{1}{4}\,(z + z^*), & \operatorname{Re}[z] \geqq 0, \\ -\frac{1}{4}\,(z + z^*), & \operatorname{Re}[z] \leqq 0, \end{cases}$$

ist auch $\frac{\partial f}{\partial z^*}$ in der ganzen Ebene stetig. Dagegen ist $\frac{\partial^2 f}{\partial z^{*2}}$ nur außerhalb der imaginären Achse stetig, denn es ist

$$\frac{\partial^2 f}{\partial z^{*2}} = \begin{cases} \frac{1}{4}, & \operatorname{Re}[z] > 0, \\ -\frac{1}{4}, & \operatorname{Re}[z] < 0. \end{cases}$$

Außerhalb der imaginären Achse ist f Lösung der Differentialgleichung

$$\frac{\partial^3 w}{\partial z^{*3}} = 0.$$

Also ist f eine f. ü.-Lösung dieser Differentialgleichung.

Ist G ein Gebiet in der z-Ebene, so werden in der Arbeit die folgenden zwei Sätze bewiesen[1]):

Satz 1. *In G seien lokal f. ü.-Lösungen gegeben, die miteinander verträglich seien. Dabei sollen im Durchschnitt $U \cap U'$ zweier Umgebungen die dort definierten Funktionen d_j die komplexe* Lipschitz-*Bedingung* (1) *erfüllen*[2]). *Dann gibt es in G eine f. ü.-Lösung $W_1, \ldots, W_m$, die in jedem U mit der dort vorgegebenen Lösung $w_1, \ldots, w_m$ verträglich ist.*

Satz 2. *In G seien lokal Lösungen gegeben, die miteinander verträglich seien. Dabei sollen im Durchschnitt $U \cap U'$ zweier Umgebungen die dort definierten Funktionen d_j lokale Potenzreihendarstellungen in den reellen Variablen x, y besitzen ($x + iy = z$). Dann gibt es in G eine Lösung $W_1, \ldots, W_m$, die in jedem U mit der dort vorgegebenen Lösung $w_1, \ldots, w_m$ verträglich ist.*

Bemerkung 1. Ist G ein von der ganzen z-Ebene verschiedenes einfach zusammenhängendes Gebiet, so kann man durch eine konforme Abbildung erreichen, daß G die Einheitskreisscheibe ist. Daß bei dieser Abbildung die oben genannte Bedingung für das zu betrachtende Differentialgleichungssystem erhalten bleibt, folgt aus der Kettenregel: Ist $z = z(\zeta)$ holomorph, so ist

$$\frac{\partial w_j}{\partial z^*} = \frac{\partial w_j}{\partial \zeta}\,\frac{\partial \zeta}{\partial z^*} + \frac{\partial w_j}{\partial \zeta^*}\left(\frac{\partial \zeta}{\partial z}\right)^* = \frac{\partial w_j}{\partial \zeta^*}\left(\frac{\partial \zeta}{\partial z}\right)^*.$$

Ersetzt man also w_j durch $w_j + h_j$, wo h_j eine in ζ holomorphe Funktion ist, so ist

$$\frac{\partial (w_j + h_j)}{\partial z^*} = \frac{\partial (w_j + h_j)}{\partial \zeta^*}\left(\frac{\partial \zeta}{\partial z}\right)^* = \frac{\partial w_j}{\partial \zeta^*}\left(\frac{\partial \zeta}{\partial z}\right)^* = \frac{\partial w_j}{\partial z^*},$$

also erfüllt auch $w_j + h_j$ die Differentialgleichung.

---

1) Für vollständige lineare Systeme der Form $\frac{\partial w}{\partial z_j} = f_j w$, $j = 1, \ldots, n$, wurden in [5] globale Lösungen konstruiert.

2) In denjenigen Punkten von $U \cap U'$, in denen die w_j und die w'_j definiert sind, ist $d_j = w_j - w'_j$.

Bemerkung 2. Natürlich können durch die Sätze 1 und 2 auch (wie es im Fall der Differentialgleichung $\partial w/\partial z^* = f$ in [7] getan wurde) globale singularitätenfreie Lösungen konstruiert werden.

Der Beweis der beiden Sätze besteht — entsprechend dem Beweisaufbau im holomorphen Fall — aus den folgenden drei Teilen:

1. Untersuchung des Verhaltens der durch das Integral

$$\frac{1}{2\pi i}\int\limits_{\gamma}\frac{d(\zeta)}{\zeta - z}\,d\zeta = \tilde{d}(z) \tag{2}$$

definierten Funktion $\tilde{d}$. Um die Eigenschaften von (2) auf die zu betrachtenden Differentialgleichungssysteme anwenden zu können, muß hierbei d als nicht notwendig holomorph vorausgesetzt werden.

2. Konstruktion einer globalen Lösung in kompakten Teilen von G.

3. Konstruktion einer globalen Lösung in ganz G, indem G durch kompakte Teilmengen ausgeschöpft wird.

Dem Beweis der Sätze 1 und 2 werden einige Hilfsbetrachtungen über Integrale der Form (2) vorangestellt. Bei den Anwendungen der Aussagen über (2) in der Theorie der Differentialgleichungssysteme genügt es, γ als Strecke in der z-Ebene vorauszusetzen. Bei den nachfolgenden Hilfssätzen kann γ jedoch eine beliebige doppelpunktfreie Kurve (etwa mit stetig differenzierbarer Darstellung) sein.

Hilfssatz 1. *Für alle nicht auf γ gelegenen Punkte ist $\tilde{d}$ eine holomorphe Funktion.*

Der Beweis ergibt sich sofort aus der Tatsache, daß der Integrand eine holomorphe Funktion von z ist. Nach den Sätzen über Parameterintegrale ist dann auch $\tilde{d}$ eine holomorphe Funktion von z.

Hilfssatz 2. *Erfüllt d die* LIPSCHITZ-*Bedingung* (1), *so wird durch*

$$\frac{1}{2\pi i}\int\limits_{\gamma}\frac{d(\zeta) - d(z)}{\zeta - z}\,d\zeta = \hat{d}(z)$$

eine in der ganzen z-Ebene stetige Funktion definiert[1]).

Beweis. Die Stetigkeit von $\hat{d}$ für nicht auf γ liegende Punkte folgt aus den Sätzen über Parameterintegrale.

Wegen

$$\left|\frac{d(\zeta) - d(z)}{\zeta - z}\right| \leqq C$$

[1]) Hierbei genügt es, daß d die Lipschitzbedingung in einer γ enthaltenden offenen Menge erfüllt.

existiert das Integral $\hat{d}(z)$ auch für auf γ gelegene Punkte. Hilfssatz 2 ist vollständig bewiesen, wenn man zeigt, daß $\hat{d}$ in jedem Punkt $z_0 \in \gamma$ stetig ist. Es sei $\varepsilon > 0$ beliebig vorgegeben. Hat γ die Darstellung $z = z(t)$, $a \leqq t \leqq b$, und ist $z_0 = z(t_0)$, so kann man ein $\eta > 0$ so wählen, daß

$$\frac{1}{2\pi} C \cdot \sup_{a \leqq t \leqq b} \left| \frac{dz(t)}{dt} \right| \cdot 2\eta < \frac{\varepsilon}{3}$$

ist. Hieraus folgt: Wird γ_η dargestellt durch die Einschränkung von $z = z(t)$ auf

$$\{t: a \leqq t \leqq b \quad \text{und} \quad |t - t_0| \geqq \eta\}$$

und setzt man

$$\frac{1}{2\pi i} \int_{\gamma_\eta} \frac{d(\zeta) - d(z)}{\zeta - z} \, d\zeta = \hat{d}_\eta(z),$$

so ist

$$|\hat{d}(z) - \hat{d}_\eta(z)| < \frac{\varepsilon}{3}. \tag{3}$$

Da γ doppelpunktfrei ist, gibt es ein solches $\delta_1 > 0$, daß

$$U_{\delta_1}(z_0) \cap \gamma_\eta = \emptyset$$

ist. Da $\hat{d}_\eta$ außerhalb γ_η stetig ist (wie aus den Sätzen über Parameterintegrale folgt), gibt es insbesondere ein δ_2, $0 < \delta_2 < \delta_1$, daß gilt

$$|\hat{d}_\eta(z) - \hat{d}_\eta(z_0)| < \frac{\varepsilon}{3}, \quad \forall z \in U_{\delta_2}(z_0). \tag{4}$$

Aus (3), (4) folgt insgesamt

$$|\hat{d}(z) - \hat{d}(z_0)| \leqq |\hat{d}(z) - \hat{d}_\eta(z)| + |\hat{d}_\eta(z) - \hat{d}_\eta(z_0)| + |\hat{d}_\eta(z_0) - \hat{d}(z_0)|$$
$$< \varepsilon, \forall z \in U_{\delta_2}(z_0). \qquad \text{Q. e. d.}$$

B e m e r k u n g. Die Funktion f besitze stetige partielle Ableitungen in einer γ enthaltenden offenen Menge. Dann sei $z_0 \in \gamma$ beliebig gewählt und $\delta_0 > 0$ so gewählt, daß $U_{\delta_0}(z_0)$ in der genannten offenen Menge enthalten ist. Ist $0 < \delta_0' < \delta_0$, so gibt es ein $\frac{C}{4}$, daß $(d = u + iv)$ $\frac{C}{4}$ eine Schranke für die Beträge der partiellen Ableitungen erster Ordnung von u, v ist. Demzufolge erfüllt d in $U_{\delta_0'}(z_0)$ die LIPSCHITZ-Bedingung (1). Die im Beweis von Hilfssatz 2 genannte positive Zahl η wird dann so gewählt, daß

$$\gamma \setminus \gamma_\eta \subset U_{\delta_0'}(z_0)$$

ist, so daß auf (3) geschlossen werden kann.

Nun ist

$$\frac{1}{2\pi i}\int_\gamma \frac{d(\zeta)}{\zeta - z}\,d\zeta = \frac{1}{2\pi i}\int_\gamma \frac{d(\zeta) - d(z)}{\zeta - z}\,d\zeta + d(z)\,\frac{1}{2\pi i}\int_\gamma \frac{1}{\zeta - z}\,d\zeta. \quad (5)$$

Beachtet man, daß die durch

$$\frac{1}{2\pi i}\int_\gamma \frac{1}{\zeta - z}\,d\zeta$$

(außerhalb γ) definierte Funktion in Anfangspunkt z_* und Endpunkt z_{**} von γ lokale Darstellungen der Form

$$-\frac{1}{2\pi i}\log(z_* - z) + \text{holomorphe Funktion}$$

bzw.

$$\frac{1}{2\pi i}\log(z_{**} - z) + \text{holomorphe Funktion}$$

besitzt, so ergibt sich unter Berücksichtigung von Hilfssatz 2 der folgende

Hilfssatz 3. *Die durch*

$$\frac{1}{2\pi i}\int_\gamma \frac{d(\zeta)}{\zeta - z}\,d\zeta = \tilde{d}(z)$$

außerhalb γ definierte Funktion besitzt im Anfangspunkt z_* und Endpunkt z_{**} von γ Entwicklungen der Form

$$-\frac{d(z)}{2\pi i}\log(z_* - z) + \textit{stetige Funktion}$$

bzw.

$$\frac{d(z)}{2\pi i}\log(z_{**} - z) + \textit{stetige Funktion.}$$

Bemerkung. Man kann die Entwicklung auch mit

$$\log(z - z_*) \quad \text{bzw.} \quad \log(z - z_{**})$$

statt

$$\log(z_* - z) \quad \text{bzw.} \quad \log(z_{**} - z)$$

schreiben. Denn es ist

$$\arg(z - z_*) \equiv \arg(z_* - z) + \pi \quad (\mathrm{mod}\ 2\pi).$$

Die außerhalb γ durch

$$\frac{1}{2\pi i}\int_\gamma \frac{1}{\zeta - z}\, d\zeta \tag{6}$$

definierte Funktion kann man bekanntlich über γ stetig (sogar holomorph) fortsetzen (hierbei müssen Anfangs- und Endpunkt von γ ausgelassen werden). Der Sprung beim Überschreiten von γ ist ± 1. Beachtet man (5) mit Hilfssatz 2, so folgt mithin

Hilfssatz 4. *Die durch*

$$\frac{1}{2\pi i}\int_\gamma \frac{d(\zeta)}{\zeta - z}\, d\zeta = \tilde{d}(z)$$

definierte Funktion $\tilde{d}$ kann stetig über γ fortgesetzt werden.

Da (6) beim Überschreiten von γ um ± 1 springt, unterscheiden sich $\tilde{d}(z)$ und die Fortsetzung von $\tilde{d}(z)$ über γ um $d(z)$. Da $\tilde{d}$ außerhalb γ holomorph ist, folgt, wenn man

$$\frac{1}{2\pi i}\int_\gamma \frac{d_j(\zeta)}{\zeta - z}\, d\zeta = \tilde{d}_j(z) \tag{7}$$

setzt (die d_j seien in einer offenen Menge definiert, die γ enthält):

Hilfssatz 5. *Ist $(d_1, \ldots, d_m)$ f. ü.-Lösung des Systems, so sind auch die Fortsetzungen der $(\tilde{d}_1, \ldots, \tilde{d}_m)$ f. ü.-Lösungen des Systems. Beim Überschreiten von γ tritt der Sprung $d_j(z)$ auf.*

Hierbei ist zu beachten, daß die Fortsetzung von $(\tilde{d}_1, \ldots, \tilde{d}_m)$ außer in den Punkten, wo $(d_1, \ldots, d_m)$ nicht Lösung des Systems ist, auch auf den Punkten von γ das System nicht zu erfüllen braucht. Die Punktmenge γ ist selbst eine Lebesguesche Ausnahmemenge[1]), also ist das Differentialgleichungssystem fast überall erfüllt[2]).

---

[1]) Dies sieht man z. B. indem man — mit dem Anfangspunkt beginnend — γ in Teilkurven der Länge $< \varepsilon$ zerlegt. Ist L die Länge von γ, so ist die Anzahl der erhaltenen Teilkurven kleiner als $\frac{L}{\varepsilon} + 1$. Jede Teilkurve liegt ganz in der Kreisscheibe um den Anfangspunkt mit dem Radius 2ε. Also liegt ganz γ in einer offenen Menge mit einem Maß, das kleiner als $\left(\frac{L}{\varepsilon} + 1\right) 4\pi\varepsilon^2$ ist.

[2]) Der Schluß, daß eine Differentialgleichung fast überall erfüllt ist, wenn man von den Kanten eines Quadratnetzes absieht, wurde in [3] beim Existenzbeweis für quasikonforme Abbildungen benutzt.

Übrigens gilt noch

Hilfssatz 6. *Ist* $(d_1, \ldots, d_m)$ *überall Lösung des Differentialgleichungssystems und besitzen die* d_j *lokale Potenzreihendarstellungen, so erfüllen auch die Fortsetzungen der* d_j *überall (auch auf* γ*) das Differentialgleichungssystem. Dabei sei* γ *eine Strecke.*[1])

Beweis. Beachtet man Hilfssatz 1, so braucht nur noch gezeigt zu werden, daß die durch (7) definierten Funktionen d_j holomorph über γ fortgesetzt werden können. Dazu wird d_j durch eine holomorphe Funktion d_{0j} ersetzt, die auf γ dieselben Werte wie d_j besitzen soll (da d_j eine Potenzreihendarstellung besitzt, gibt es eine solche Funktion). Da d_{0j} holomorph und

$$\tilde{d}_j(z) = \frac{1}{2\pi i} \int\limits_\gamma \frac{d_{0j}(\zeta)}{\zeta - z}\, d\zeta$$

ist, ist auch $\tilde{d}_j$ holomorph auf beiden Seiten von γ. Setzt man $\hat{d}_j$ über γ fort, so erhält man eine Funktion, die sich von $\tilde{d}_j$ um d_{0j}, also um einen holomorphen Summanden unterscheidet. Da eine stetige Funktion, die auf beiden Seiten von γ holomorph ist, auch auf γ holomorph sein muß, ist also die Fortsetzung der d_j überall Lösung des gegebenen Systems. Q. e. d.

Nach Bereitstellung dieser Hilfssätze können nun die beiden Sätze bewiesen werden. Zunächst wird angenommen, daß G einfach zusammenhängend ist. Dann ist entweder G die ganze z-Ebene oder es kann durch eine konforme Abbildung erreicht werden, daß G die offene Einheitskreisscheibe $\{z : |z| < 1\}$ ist. Im ersten Fall sei

$$G_n = \{z : |z| < n\},$$

im zweiten Fall

$$G_n = \left\{z : |z| < 1 - \frac{1}{n}\right\}$$

$(n = 1, 2, \ldots)$. In beiden Fällen bilden die G_n eine Ausschöpfung von G.

Die z-Ebene wird jetzt in ein Quadratnetz unterteilt, bei der alle Punkte mit ganzzahligen Koordinaten Eckpunkte sind. Unter Normalunterteilung verstehe man Halbierung aller Kanten. Dann kann man durch genügend oftmalige Normalunterteilung erreichen, daß alle Quadrate einen beliebig kleinen Durchmesser besitzen.

Nach Voraussetzung gibt es insbesondere zu jedem Punkt von $\overline{G}_n$ eine δ-Umgebung, in der eine Lösung $(w_1, \ldots, w_m)$ vorgegeben ist. Ordnet man jedem Punkt von $\overline{G}_n$ die entsprechende $\frac{\delta}{2}$-Umgebung zu, so erhält man eine

[1]) Es würde auch die Voraussetzung genügen, daß γ eine analytische Kurve ist.

offene Überdeckung von $\bar{G}_n$. Da $\bar{G}_n$ bereits von endlich vielen solchen $\frac{\delta}{2}$-Umgebungen überdeckt wird, ist das Infimum δ_* der zu betrachtenden endlich vielen $\frac{\delta}{2}$-Werte positiv. Durch hinreichend oftmalige Normalunterteilung wird erreicht, daß die Durchmesser der Quadrate kleiner als δ_* werden. Das bedeutet: Jedes Quadrat, das mit $\bar{G}_n$ einen Punkt gemeinsam hat, liegt ganz in einer δ-Umgebung, in der eine Lösung $(w_1, \ldots, w_m)$ vorgegeben ist. Jedem der genannten Quadrate Q_j wird jetzt genau eine δ-Umgebung, in der es ganz enthalten ist, und damit genau eine Lösung $(w_1, \ldots, w_m)$ zugeordnet. Es genügt übrigens, die Lösung $(w_1, \ldots, w_m)$ in einem offenen Quadrat $\tilde{Q}_j$ zu betrachten, das das Quadrat Q_j enthält und wobei die Kanten von Q_j und $\tilde{Q}_j$ parallel seien.

Ist γ_{ij} gemeinsame Kante von Q_i und Q_j und ist $(w_1^{(i)}, \ldots, w_m^{(i)})$ bzw. $(w_1^{(j)}, \ldots, w_m^{(j)})$ die in $\tilde{Q}_i$ bzw. $\tilde{Q}_j$ gegebene Lösung, so sei

$$d_k^{(i,j)} = w_k^{(j)} - w_k^{(i)}, \qquad k = 1, \ldots, m;$$

die $d_k^{(i,j)}$ sind dann in $\tilde{Q}_i \cap \tilde{Q}_j$ definierte (stetige) Funktionen. Weiter sei[1])

$$\tilde{d}_k^{(i,j)}(z) = \frac{1}{2\pi i} \int\limits_{\gamma_{ij}} \frac{d_k^{(i,j)}(\zeta)}{\zeta - z} \, d\zeta .$$

Nach Hilfssatz 5 besitzt $\tilde{d}_k^{(i,j)}$ beim Überschreiten von γ_{ij} den Sprung $d_k^{(i,j)}$, also denselben Sprung wie w_k. Es sei

$$\Delta_k(z) = \sum_{i,j} \tilde{d}_k^{(i,j)}(z),$$

wobei über alle doppelt auftretenden Kanten summiert wird. Setzt man[2])

$$W_k(z) = w_k^{(j)}(z) - \Delta_k(z)$$

in Q_j, so ist W_k eine Funktion, die bei Überschreiten von γ_{ij} die Sprünge Null besitzt. Wegen der stetigen Fortsetzbarkeit von $\tilde{d}_k^{(i,j)}(z)$ über γ_{ij} (vgl. Hilfssatz 4) ist die in Q_j durch

$$W_k(z) - w_k^{(j)}(z)$$

definierte Funktion in dem ganzen betrachteten Intervallnetz stetig, evtl. mit Ausnahme der Eckpunkte z_*. Da im Innern der Q_j die

$$W_k(z) - w_k^{(j)}(z) = -\Delta_k(z)$$

---

[1]) γ_{ij} werde so orientiert, daß die Überschreitungsrichtung von γ_{ij} und die Durchlaufungsrichtung ein positives Koordinatensystem bilden.

[2]) Im Fall meromorpher Funktionen vgl. man z. B. [1, 2, 4].

holomorph sind und da die Funktion auf γ_{ij} stetig ist, muß sie auch in den Punkten von γ_{ij} holomorph sein. Also sind die Eckpunkte z_* isolierte singuläre Stellen.

Betrachtet man nun einen Punkt z_*, der Eckpunkt von vier Quadraten ist und bezeichnet $\sum'$ die Summation über die vier in z_* beginnenden oder endenden Kanten γ_{ij}, so ist (betrachtet wird eine Umgebung von z_*)

$$\sum{}' d_k^{(i,j)}(z) = 0 \tag{8}$$

zunächst für alle Punkte, in denen $w_k^{(i)}$ definiert sind. Denn es ist, wenn Q_i, Q_j, Q_s, Q_t die betreffenden Quadrate sind,

$$\sum{}' d_k^{(i,j)} = (w_k^{(j)} - w_k^{(i)}) + (w_k^{(s)} - w_k^{(j)}) + (w_k^{(t)} - w_k^{(s)}) + (w_k^{(i)} - w_k^{(t)}) = 0$$

überall dort, wo die $w_k^{(i)}$ usw. definiert sind.

Da andererseits die Differenzen $w_k^{(j)} - w_k^{(i)}$ nach Definition der Verträglichkeit stetige Funktionen sind und da jeder Punkt der Singularitätenmenge Häufungspunkt von Punkten ist, wo die $w_k^{(i)}$ sind, muß (8) überall gelten. Beachtet man die in Hilfssatz 2 genannten lokalen Entwicklungen, so heben sich wegen (8) alle Summanden mit

$$\log|z - z_*| = \operatorname{Re}[\log(z - z_*)]$$

heraus. Da

$$\arg(z - z_*) = \operatorname{Im}[\log(z - z_*)]$$

nur mod 2 definiert ist, trifft eine analoge Überlegung für den Imaginärteil nicht zu. Jedoch ist $\arg(z - z_*)$ beschränkt (in jedem Q_i kann $\arg(z - z_*)$ für jedes $d_k^{(i,j)}$ so definiert werden, daß definitionsgemäß der Sprung längs γ_{ij} auftritt). Nach dem Satz von RIEMANN ist z_* dann aber eine hebbare singuläre Stelle. Daher unterscheiden sich W_k und $w_k^{(j)}$ um eine überall holomorphe Funktion, also sind

$$(W_1, \ldots, W_m) \text{ und die } (w_1^{(j)}, \ldots, w_m^{(j)})$$

miteinander verträgliche Lösungen.

Nun sind die $w_k^{(i)}$ nicht nur in Q_i sondern zumindestens in $\tilde{Q}_i$ definiert. Überschreitet man γ_{ij}, so geht $\Delta_k(z)$ über in $\Delta_k(z) + d_k^{(i,j)}$, also in wieder eine Lösung der Differentialgleichung. Wegen (8) kommt man bei der (stetigen) Fortsetzung von $\Delta_k(z)$ bei einem vollständigen Umlauf um (8) wieder zu der Ausgangsfunktion zurück. Da auf γ_{ij} die Fortsetzung von $\Delta_k(z)$ nicht holomorph zu sein braucht und auch die Differentialgleichung nicht zu erfüllen braucht, bildet $(W_1, \ldots, W_m)$ nur eine f. ü.-Lösung, selbst wenn die lokal vorgegebenen Lösungen überall (nicht nur f. ü.) Lösungen sind. Geht man jedoch von lokalen Lösungen aus, bei denen die $d_k^{(i,j)}$ lokale Potenzreihendarstellungen besitzen, so kann man $\Delta_k(z)$ nach Hilfssatz 6 holomorph über γ_{ij} fortsetzen. Die Holomorphie in den Eckpunkten z_* folgt wieder nach dem Satz von RIEMANN über hebbare singuläre Stellen; denn in allen von z_* verschiedenen Punkten ist $W_k - w_k^{(i)}$ holomorph, andererseits auch beschränkt.

Die eben beschriebene Konstruktion wird jetzt für jedes $n = 1, 2, \ldots$ durchgeführt. Dabei soll die Normalunterteilung für m feiner sein als für n, wenn $m > n$ ist. Ist Q_j ein Intervall zu $\overline{G}_n$ und $(w_1^{(j)}, \ldots, w_m^{(j)})$ die zugeordnete Lösung, so wird folgende Festsetzung getroffen:

Ist ein Intervall zu $\overline{G}_m$ ein Teilintervall von Q_j, so wird diesem Intervall auch dieselbe Lösung $(w_1^{(j)}, \ldots, w_m^{(j)})$ zugeordnet.

Diese Festsetzung muß deswegen getroffen werden, weil im Fall eines allgemeinen Differentialgleichungssystems die Differenz zweier Lösungen nicht notwendig holomorph sein muß.

Ist

$$(W_1^{[n]}, \ldots, W_m^{[n]})$$

die zu $\overline{G}_n$ gehörende Lösung, so ist $(l > n)$

$$W_k^{[l]} - W_k^{[n]}$$

eine holomorphe Funktion, denn die W_k entstehen aus den $w_k^{(j)}$ durch Addition einer holomorphen Funktion. Insbesondere ist

$$W_k^{[n+1]} - W_k^{[n]} = \Phi_n$$

holomorph und kann in G_n in eine Potenzreihe entwickelt werden. Dann kann man durch Betrachtung einer Partialsumme mit hinreichend großem Index die Funktion Φ_n so in eine Summe

$$\Phi_n = \varphi_n + \varrho_n$$

aufspalten, daß

$$|\varrho_n| < \frac{1}{n^2} \quad \text{in} \quad \overline{G}_{n-1}$$

ist; dabei ist φ_n ein Polynom. Ist

$$\widetilde{W}_k^{[n]} = W_k^{[n]} - \sum_{\nu=1}^{n-1} \varphi_\nu + \sum_{\nu=n}^{+\infty} \varrho_\nu ,$$

so sind $(\widetilde{W}_1^{[n]}, \ldots, \widetilde{W}_m^{[n]})$ und $(W_1^{[n]}, \ldots, W_m^{[n]})$ miteinander verträgliche Lösungen, da $\sum\limits_{\nu=n}^{+\infty} \varrho_\nu$ nach dem WEIERSTRASSschen Konvergenzsatz eine holomorphe Funktion (in G_{n-1}) ist. Nun ist aber für jedes n

$$\begin{aligned}\widetilde{W}_k^{[n+1]} &= W_k^{[n+1]} - \sum_{\nu=1}^{n} \varphi_\nu + \sum_{\nu=n+1}^{+\infty} \varrho_\nu \\ &= (W_k^{[n]} + \Phi_n) - \sum_{\nu=1}^{n} \varphi_\nu + \sum_{\nu=n+1}^{+\infty} \varrho_\nu \\ &= (W_k^{[n]} + \varphi_n + \varrho_n) - \sum_{\nu=1}^{n} \varphi_\nu + \sum_{\nu=n+1}^{+\infty} \varrho_\nu \\ &= W_k^{[n]} - \sum_{\nu=1}^{n-1} \varphi_\nu + \sum_{\nu=n}^{+\infty} \varrho_\nu = \widetilde{W}_k^{[n]},\end{aligned}$$

also sind die $\widetilde{W}_k^{[n]}$ überall konvergent $(n = 1, 2, \ldots)$, wo sie überhaupt definiert sind. Also erhält man in ganz G eine mit $(W_1^{[n]}, \ldots, W_m^{[n]})$ und also mit den $(w_n^{(j)}, \ldots, w_m^{(j)})$ verträgliche Lösung.

Ist G mehrfach zusammenhängend, so wird wie im Fall meromorpher Funktionen anstelle der Potenzreihenentwicklung der RUNGEsche Approximationssatz herangezogen (vgl. [2,4]).

Damit sind die Sätze 1 und 2 bewiesen.

Als Spezialfall von Satz 2 ergibt sich die globale Lösbarkeit der Differentialgleichung

$$\frac{\partial w}{\partial \bar{z}} = f$$

auch in mehrfach zusammenhängenden Gebieten. Das bedeutet, es gibt global zu f eine Stammfunktion F, so daß

$$f = \frac{\partial F}{\partial \bar{z}}$$

ist. In [7] wurde diese Konstruktion nur für einfach zusammenhängende Gebiete durchgeführt (im mehrfach zusammenhängenden Fall muß — wie oben angegeben — mit dem RUNGEschen Approximationssatz gearbeitet werden). In [8] wurde darüber hinaus gezeigt:

Ist f holomorph, so existiert global ein eindeutiges F, das umgebungsweise die Summe aus holomorpher und antiholomorpher Funktion ist.

Um den Fall mehrerer komplexer Variabler erfassen zu können, sind einige Hilfsbetrachtungen über die durch (2) definierte Funktion d erforderlich, wenn der Integrand d außer von ζ von Parametern abhängig ist. Es sei $d^{(k)} = d^{(k)}(z_1, \ldots, z_p)$ eine von p komplexen Variablen abhängige Funktion[1]). Setzt man $z_j = x_j + iy_j$, so kann man $d^{(k)}$ auch als Funk-

[1]) Die $d^{(k)}$ werden später rekursiv definiert werden.

tion der $2p$ reellen Variablen x_j, y_j auffassen. Die Funktion $d^{(k)}$ sei in $M_1 \times \ldots \times M_p = M$ definiert, wobei M_j eine Menge in der z_j-Ebene sei.

Definition. Die Funktion $d^{(j)}$ erfüllt bezüglich z_k eine in M *gleichmäßige* LIPSCHITZ-*Bedingung*, wenn gilt (hier und im folgenden sollen nicht aufgeschriebene Variable stets $z_1, z_2, \ldots$ bzw. z_p bedeuten)

$$|d^{(j)}(\ldots, \zeta_k, \ldots) - d^{(j)}(\ldots, z_k, \ldots)| \leqq C\,|\zeta_k - z_k|,$$

$$\forall\ \zeta_k, z_k \in M_k, \quad \forall\ z_j \in M_j, \quad j = 1, \ldots, k-1, \quad k+1, \ldots, p.$$

Hilfssatz 7. *Besitzt $d^{(k)}$ bezüglich x_k, y_k in $M_1 \times \ldots \times M_p$ stetige partielle Ableitungen, sind die $M_1, \ldots, M_p$ kompakt und ist M_k zusätzlich konvex, so erfüllt $d^{(k)}$ bezüglich z_k in $M_1 \times \ldots \times M_p$ eine gleichmäßige* LIPSCHITZ-*Bedingung.*

Dies folgt unmittelbar aus dem Mittelwertsatz der Differentialrechnung, wenn man diesen auf $\mathrm{Re}[d^{(k)}]$ und $\mathrm{Im}[d^{(k)}]$ anwendet.

Diese Aussage wird hier angewandt werden in dem Fall, daß M_k ein abgeschlossenes Intervall der z_k-Ebene ist (wird über die achsenparallele Strecke γ der z_k-Ebene integriert und benötigt man für den Integranden eine gleichmäßige LIPSCHITZ-Bedingung, so wird als M_k ein Intervall verwendet, daß γ im Innern enthält und dessen Kanten achsenparallel sind).

Bezeichnet E_k die ganze z_k-Ebene, erfüllt $d^{(k)}$ bezüglich z_k eine gleichmäßige LIPSCHITZ-Bedingung, so gilt:

Hilfssatz 8. *Durch*

$$\frac{1}{2\pi i} \int\limits_{\gamma} \frac{d^{(k)}(\ldots, \zeta_k, \ldots) - d^{(k)}(\ldots, z_k, \ldots)}{\zeta_k - z_k}\, d\zeta_k \tag{9}$$

wird in

$$M_1 \times \ldots \times M_{k-1} \times E_k \times M_{k+1} \times \ldots \times M_p$$

eine stetige Funktion definiert. Ein Grenzübergang in den Parametern insbesondere kann unter dem Integral vorgenommen werden.

Der Beweis verläuft analog dem Beweis von Hilfssatz 2, wobei (9) als Funktion von $z_1, \ldots, z_{k-1}, z_k, z_{k+1}, \ldots, z_p$ (nicht nur als Funktion von z_k) wegen der Gleichmäßigkeit der LIPSCHITZ-Bedingung stetig ist. Die Kurve γ ist dabei in einer offenen Menge der z_k-Ebene enthalten, in der die LIPSCHITZ-Bedingung gleichmäßig erfüllt ist.

Setzt man

$$d^{(k+1)}(z_1, \ldots, z_p) = \frac{1}{2\pi i} \int\limits_\gamma \frac{d^{(k)}(\ldots, \zeta_k, \ldots)}{\zeta_k - z_k} d\zeta_k$$

$$= \frac{1}{2\pi i} \int\limits_\gamma \frac{d^{(k)}(\ldots, \zeta_k, \ldots) - d^{(k)}(\ldots, z_k, \ldots)}{\zeta_k - z_k} \tag{10}$$

$$+ \frac{1}{2\pi i} d^{(k)}(z_1, \ldots, z_p) \int\limits_\gamma \frac{1}{\zeta_k - z_k} d\zeta_k,$$

so gilt

Hilfssatz 9. *Die Funktion $d^{(k+1)}$ ist überall (mit Ausnahme im Anfangs- und Endpunkt von γ) bzw. die Fortsetzung von $d^{(k+1)}$ über γ ist eine stetige Funktion. Insbesondere kann man einen Grenzübergang in den Parametern unter dem Integral vornehmen.*

Die von dem zweiten Summanden in (10) herrührenden Singularitäten heben sich auf, wenn über alle vier Kurven γ summiert wird, die in einem Punkt z_* beginnen bzw. enden; denn die Summe der entsprechenden vier Funktionen $d^{(k)}$ ist Null.

Diese Aussage folgt unter Berücksichtigung von (10) sofort aus Hilfssatz 8.

Bei Funktionen von p komplexen Variablen müssen beim COUSINschen Glättungsprozeß die p Variablen $z_1, \ldots, z_p$ nacheinander betrachtet werden. Das bedeutet, daß man den nach (10) erfolgenden Übergang von $d^{(k)}$ zu $d^{(k+1)}$ für jedes $k = 1, \ldots, p-1$ durchführen muß. Dazu muß aber gezeigt werden:

Erfüllt $d^{(1)}$ eine LIPSCHITZ-Bedingung bezüglich z_1, so erfüllt $d^{(2)}$ eine LIPSCHITZ-Bedingung bezüglich z_2, allgemein erfüllt $d^{(k)}$ eine LIPSCHITZ-Bedingung bezüglich z_k. Daß solche LIPSCHITZ-Bedingungen (und diese sogar gleichmäßig) erfüllt sind, ergibt sich nach Hilfssatz 7 aus der Existenz der partiellen Ableitungen. Daher wird jetzt untersucht werden, unter welcher Voraussetzung $d^{(k+1)}$ bezüglich x_{k+1} und bezüglich y_{k+1} eine stetige partielle Ableitung besitzt.

Nach Definition von $d^{(k+1)}$ ist

$$d^{(k+1)}(\ldots, x_{k+1} + i y_{k+1}, \ldots) - d^{(k+1)}(\ldots, x_{k+1}^0 + i y_{k+1}, \ldots) \tag{11}$$

$$= \frac{1}{2\pi i} \int\limits_\gamma \frac{d^{(k)}(\ldots, \zeta_k, x_{k+1} + i y_{k+1}, \ldots) - d^{(k)}(\ldots, \zeta_k, x_{k+1}^0 + i y_{k+1}, \ldots)}{\zeta_k - z_k} d\zeta_k.$$

Unter der Voraussetzung, daß $d^{(k)}$ bezüglich x_k eine partielle Ableitung besitzt, die als Funktion aller Variabler stetig ist, ist

$$\begin{aligned} &d^{(k)}(\ldots, \zeta_k, x_{k+1} + i y_{k+1}, \ldots) - d^{(k)}(\ldots, \zeta_k, x_{k+1}^0 + i y_{k+1}, \ldots) \\ &= a_k(\ldots, \zeta_k, x_{k+1} + i y_{k+1}, x_{k+1}^0 + i y_{k+1}, \ldots)(x_{k+1} - x_{k+1}^0). \end{aligned} \tag{12}$$

Dabei ist a_k eine stetige Funktion, die (HADAMARDsches Lemma) die Darstellung

$$a_k(\ldots, \zeta_k, x_{k+1} + i y_{k+1}, x_{k+1}^0 + i y_{k+1}, \ldots) = \int_{\lambda=0}^{1} \frac{\partial d^{(k)}(\ldots, \zeta_k, x_{k+1}^0 + i y_{k+1} + \lambda(x_{k+1} - x_{k+1}^0), \ldots)}{\partial x_{k+1}} d\lambda \tag{13}$$

besitzt.

Eine analoge Aussage gilt für die partielle Ableitung von $d^{(k+1)}$ bezüglich y_{k+1}. Aus der Darstellung (13) von a_k folgt sofort:

Erfüllt $\frac{\partial d^{(k)}}{\partial x_{k+1}}$ *bezüglich* ζ_k *eine gleichmäßige* LIPSCHITZ-*Bedingung, so gilt dasselbe für* a_k.

Setzt man (12) in (11) ein, so folgt

$$\frac{d^{(k+1)}(\ldots, x_{k+1} + i y_{k+1}, \ldots) - d^{(k)}(\ldots, x_{k+1}^0 + i y_{k+1}, \ldots)}{x_{k+1} - x_{k+1}^0} = \frac{1}{2\pi i} \int_\gamma \frac{a_k(\ldots, \zeta_k, x_{k+1} + i y_{k+1}, x_{k+1}^0 + i y_{k+1}, \ldots)}{\zeta_k - z_k} d\zeta_k. \tag{14}$$

Nach Hilfssatz 9 kann man den Grenzübergang $x_{k+1} \to x_{k+1}^0$ unter dem Integral durchführen und man erhält wegen

$$a_k(\ldots, z_{k-1}, \zeta_k, x_{k+1}^0 + i y_{k+1}, x_{k+1}^0 + i y_{k+1}, \ldots) = \frac{\partial d^{(k)}(\ldots, \zeta_k, x_{k+1}^0 + i y_{k+1}, \ldots)}{\partial x_{k+1}} \tag{15}$$

für $\frac{\partial d^{(k+1)}}{\partial x_{k+1}}$ die folgende Darstellung

$$\frac{\partial d^{(k+1)}(\ldots, z_k, x_{k+1}^0 + i y_{k+1}, \ldots)}{\partial x_{k+1}} = \frac{1}{2\pi i} \int_\gamma \frac{\dfrac{\partial d^{(k)}(\ldots, \zeta_k, x_{k+1}^0 + i y_{k+1}, \ldots)}{\partial x_{k+1}}}{\zeta_k - z_k} d\zeta_k. \tag{16}$$

Hieraus liest man ab

Hilfssatz 10. *Erfüllt* $\frac{\partial d^{(k)}}{\partial x_{k+1}}$ *bezüglich* z_k *eine gleichmäßige* LIPSCHITZ-*Bedingung, so ist* $\frac{\partial d^{(k+1)}}{\partial x_{k+1}}$ *stetig.*

Hilfssatz 10 zeigt, wenn man noch das analoge Resultat für $\dfrac{\partial d^{(k+1)}}{\partial y_{k+1}}$ beachtet, daß unter den in Hilfssatz 10 genannten Voraussetzungen die Funktion $d^{(k+1)}$ bezüglich z_{k+1} eine gleichmäßige LIPSCHITZ-Bedingung erfüllt.

Da die durch (10) definierte Funktion $d^{(k+1)}$ in Anfangs- und Endpunkt von γ Singularitäten besitzt (vgl. Hilfssatz 3), versagt die Darstellung (16) für den Fall, daß z_k Anfangs- oder Endpunkt von γ ist. Den Differenzenquotient von $d^{(k+1)}$ bezüglich x_{k+1} kann man, wie aus (14) folgt, auch in der Form

$$\begin{aligned}&\frac{1}{2\pi i}\int_\gamma \frac{A_k}{\zeta_k - z_k}\,d\zeta_k\\ &+\frac{1}{2\pi i}\,a_k(\ldots, x_{k+1}+iy_{k+1}, x_{k+1}^0+iy_{k+1},\ldots)\int_\gamma \frac{1}{\zeta_k - z_k}\,d\zeta_k\end{aligned} \tag{17}$$

mit

$$\begin{aligned}A_k = {}& a_k(\ldots,\zeta_k, x_{k+1}+iy_{k+1}, x_{k+1}^0+iy_{k+1},\ldots)\\ &- a_k(\ldots, z_k, x_{k+1}+iy_{k+1}, x_{k+1}^0+iy_{k+1},\ldots)\end{aligned}$$

schreiben. Beachtet man Hilfssatz 8, angewandt auf die im Integranden stehende Funktion a_k, so folgt unter Beachtung von (15), auch wenn z_k der Anfangs- oder Endpunkt von γ ist,

$$\begin{aligned}\frac{\partial d^{(k+1)}(\ldots, z_k, x_{k+1}^0+iy_{k+1},\ldots)}{\partial x_{k+1}} &= \frac{1}{2\pi i}\int_\gamma \frac{D_k}{\zeta_k - z_k}\,d\zeta_k\\ &+\frac{1}{2\pi i}\,\frac{\partial d^{(k)}(\ldots, z_k, x_{k+1}^0+iy_{k+1},\ldots)}{\partial x_{k+1}}\int_\gamma \frac{1}{\zeta_k - z_k}\,d\zeta_k\end{aligned} \tag{18}$$

mit

$$D_k = \frac{\partial d^{(k)}(\ldots,\zeta_k, x_{k+1}^0+iy_{k+1},\ldots)}{\partial x_{k+1}} - \frac{\partial d^{(k)}(\ldots, z_k, x_{k+1}^0+iy_{k+1},\ldots)}{\partial x_{k+1}}.$$

Die Anwendung von Hilfssatz 8 auf den ersten in (17) stehenden Summanden ist möglich, da a_k bezüglich ζ_k eine gleichmäßige LIPSCHITZ-Bedingung erfüllt. Nun erfüllt aber auch $\dfrac{\partial d^{(k)}}{\partial x_{k+1}}$ eine gleichmäßige LIPSCHITZ-Bedingung in z_k. Wieder nach Hilfssatz 8 stellt also der erste Summand von (18) ebenfalls eine stetige Funktion dar, auch wenn z_k in Anfangs- oder Endpunkt von γ fällt. Dagegen hat der zweite Summand von (17) im Anfangs- und im Endpunkt von γ eine Singularität. Beachtet man alle vier in einem

Eckpunkt z_* endenden oder beginnenden Strecken γ, so ist die Summe der jeweils zugehörigen Funktionen $d^{(k)}$ gleich Null. Dasselbe gilt natürlich auch für die partiellen Ableitungen $\frac{\partial d^{(k)}}{\partial x_{k+1}}$. Daher heben sich bei der genannten Summation die zweiten Summanden in (17) auf, und man sieht damit:

Hilfssatz 10 *gilt auch, wenn die Variablen in den Eckpunkten von* γ *liegen.*

Existieren höhere Ableitungen von $d^{(k)}$, so kann man analog zu (16) bzw. (18) auch auf die Existenz der entsprechenden höheren Ableitungen von $d^{(k+1)}$ schließen.

Will man alle p komplexen Variablen $z_1, \ldots, z_p$ erfassen, muß man $(p-1)$-mal von einem $d^{(k)}$ zu $d^{(k+1)}$ übergehen.

Da aus der Existenz und Stetigkeit der partiellen Ableitungen bezüglich x_k und y_k eine gleichmäßige Lipschitz-Bedingung bezüglich z_k folgt, ergibt sich

Hilfssatz 11. *Alle* p *Funktionen* $d^{(1)}, d^{(2)}, \ldots, d^{(p)}$ *existieren und sind stetig, wenn die partiellen Ableitungen von* $d^{(1)}$ *bis einschließlich zur Ordnung* $p-1$ *existieren*[1]), *stetig sind und bezüglich* z_1 *eine gleichmäßige* Lipschitz-*Bedingung erfüllen*[2]).

Wie bei Funktionen von einer komplexen Variablen heißen zwei Lösungen

$$w_1, \ldots, w_m \quad \text{und} \quad w_1', \ldots, w_m$$

miteinander verträglich, wenn im Durchschnitt des Definitionsgebietes

$$w_j' = w_j + d_j^{(1)}$$

mit stetigen Funktionen $d_j^{(1)}$ gilt. Indem man nacheinander die Variablen $z_1, \ldots, z_p$ behandelt, werden die lokal gegebenen Lösungen $w_1, \ldots, w_m$ durch $w_1 + \varphi_1, \ldots, w_m + \varphi_m$ ersetzt, wobei die φ_j entsprechend (10) durch Kurvenintegrale mit Cauchyscher Singularität dargestellt werden. Die Integranden sind beim ersten Schritt die Funktionen $d_j^{(1)}$, um die sich die lokal gegebenen Lösungen unterscheiden. Beim zweiten Schritt sind als Integranden die Sprünge der um die Summe aller $d_j^{(2)}$ abgeänderten w_j zu verwenden usw.

---

[1]) Es genügt, daß diese Voraussetzung für
$\frac{\partial d^{(1)}}{\partial x_2}, \frac{\partial d^{(1)}}{\partial y_2}, \frac{\partial^2 d^{(1)}}{\partial x_2 \partial x_3}, \ldots, \frac{\partial^{p-1} d^{(1)}}{\partial y_2\, \partial y_3 \ldots \partial y_p}$ erfüllt ist.

[2]) Statt der Lipschitz-Bedingung bezüglich z_1 kann auch eine Lipschitz-Bedingung bezüglich einer anderen Variablen erfüllt sein. Dann muß man bei dem Cousinschen Verfahren mit dieser Variablen beginnen.

Damit sich bei jedem Schritt wieder eine Lösung des gegebenen Differentialgleichungssystems ergibt, muß das System folgende Voraussetzung erfüllen:

Ist

$$w_1, \ldots, w_m$$

eine Lösung, so auch

$$w_1 + \varphi_1, \ldots, w_m + \varphi_m,$$

wobei die φ_j CAUCHY-Integrale der Form (10) sind, deren Integranden die Differenzen von zwei Lösungen sind [1]).

Diese Bedingung ist insbesondere bei linearen Systemen der folgenden Gestalt erfüllt:

Treten in einer Gleichung Ableitungen bezüglich der Variablen $z_{i_1}, \ldots, z_{i_q}$ und $z_{i_1}^*, \ldots, z_{i_q}^*$ auf, so muß in jedem Summanden wenigstens einmal nach $z_{i_1}^*, \ldots, z_{i_q}^*$ differenziert werden; außerdem darf in jedem Summanden beliebig oft nach $z_{i_1}, \ldots, z_{i_q}$ differenziert werden. Die Koeffizienten der w_j bzw. deren Ableitungen dürfen nur von $z_{i_1}, \ldots, z_{i_q}$ abhängen. Die Gleichungen müssen also die Form

$$c(z_{i_1}, \ldots, z_{i_q}) \frac{\partial^q w_1}{\partial z_{i_1}^* \ldots \partial z_{i_q}^*} + \tilde{c}(z_{i_1}, \ldots, z_{i_q}) \frac{\partial^{q+1} w_1}{\partial z_{i_1}^* \partial z_{i_1} \partial z_{i_2}^* \ldots \partial z_{i_q}^*} + \cdots$$
$$= f(z_1, \ldots, z_p)$$

haben. Dies folgt so: Addiert man zu w_j eine Funktion φ_j, die in einer der Variablen $z_{i_1} \ldots, z_{i_q}$ holomorph ist, so bleibt die Gleichung erfüllt. Das bedeutet: Man erhält wieder eine Lösung, wenn man die Lösung um CAUCHY-Integrale in der z_{i_1}- bzw. z_{i_2}-, ..., bzw. z_{i_q}-Ebene abändert. Betrachtet man andererseits ein CAUCHY-Integral in einer davon verschiedenen z_j-Ebene, so kann man (analog zu (16) bzw. (18)) unter dem Integral differenzieren. Da die Koeffizienten nur von $z_{i_1}, \ldots, z_{i_q}$, nicht aber von z_j abhängen, erfüllt das CAUCHY-Integral die entsprechende homogene Differentialgleichung, wenn der Integrand diese Differentialgleichung erfüllt. Fügt man das CAUCHY-Integral additiv zu einer Lösung der inhomogenen Differentialgleichung hinzu, so erhält man wieder eine Lösung der inhomogenen Differentialgleichung (als Differenz zweier Lösungen genügt der Integrand der homogenen Differentialgleichung).

Im Fall eines Systems erster Ordnung haben die zum System gehörenden Gleichungen die Form

$$c(z_{i_1}) \frac{\partial w_1}{\partial z_{i_1}^*} + \cdots = f(z_1, \ldots, z_p).$$

[1]) Entsprechend Anmerkung 1 auf Seite 4 kann man auch das Integral (10) dadurch abändern, daß man statt $\zeta_k - z_k$ im Nenner $\zeta_k^* - z_k^*$ verwendet.

Insgesamt ist damit für die zugelassenen Systeme gezeigt, wenn G das topologische Produkt von den Gebieten G_j (G_j Gebiet der z_j-Ebene, $j = 1, \ldots, p$) ist:

Satz 3. *In G seien lokal f. ü.-Lösungen gegeben, die miteinander verträglich seien. Dabei sollen im Durchschnitt $U \cap U'$ zweier Umgebungen die dort definierten Funktionen $d_j^{(1)}$ und ihre partiellen Ableitungen bezüglich der x_j, y_j, $j = 1, \ldots, p$, bis einschließlich zur $(p-1)$-ten Ordnung bezüglich z_1*[1]) *eine gleichmäßige*[2]) *LIPSCHITZ-Bedingung erfüllen. Dann gibt es in jedem kompakten Teil von G eine f. ü.-Lösung $W_1, \ldots, W_m$, die in jedem U mit der dort vorgegebenen Lösung $w_1, \ldots, w_m$ verträglich ist*[3]).

Schließlich ist noch der Fall zu betrachten, daß die $d_j^{(1)}$ lokal Potenzreihenentwicklungen (in den reellen Variablen x_j, y_j) besitzen. Setzt man die x_j und die y_j zu komplexen Variablen $Z_j^{(1)}$ bzw. $Z_j^{(2)}$ fort, so sind die $d_j^{(1)}$ zu holomorphen Funktionen der $2n$ komplexen Variablen $Z_j^{(1)}, Z_j^{(2)}$ fortsetzbar. Da man entsprechend (16) bzw. (18) die Ableitungen der Funktionen $d_j^{(k+1)}$ durch Differentiation unter dem Integral erhält, gilt:

Ist $d_j^{(k)}$ eine holomorphe Funktion ihrer Variablen, so ist auch $d_j^{(k+1)}$ eine holomorphe Funktion der entsprechenden komplexen Variablen $Z_j^{(1)}, Z_j^{(2)}$. Nach dem Satz von HARTOGS der klassischen n-dimensionalen Funktionentheorie ist $d_j^{(k+1)}$ eine stetige Funktion und demzufolge auch in eine Potenzreihe entwickelbar. Beachtet man noch Hilfssatz 6, so folgt insgesamt:

Hilfssatz 12. *Ist $d_j^{(k)}$ lokal in eine Potenzreihe entwickelbar, so gilt dasselbe von $d_j^{(k+1)}$ und der Fortsetzung von $d_j^{(k+1)}$ über γ.*

Aus diesem Hilfssatz ergibt sich analog zu Satz 2:

Satz 4. *In G seien lokal Lösungen gegeben, die miteinander verträglich seien. Dabei sollen im Durchschnitt $U \cap U'$ zweier Umgebungen die dort definierten Funktionen $d_j^{(1)}$ lokale Potenzreihendarstellungen in den reellen Variablen x_j, y_j besitzen $(x_j + i y_j = z_j)$. Dann gibt es in jedem kompakten Teil von G eine Lösung $W_1, \ldots, W_m$, die in jedem U mit der dort vorgegebenen Lösung $w_1, \ldots, w_m$ verträglich ist.*

---

[1]) Vgl. Anmerkung 2 auf Seite 21.

[2]) Durch die Existenz und Stetigkeit der partiellen Ableitungen bezüglich x_1, y_1 wird in einer kompakten und bezüglich z_1 konvexen Teilmenge eine in z_1 gleichmäßige LIPSCHITZ-Bedingung gesichert.

[3]) Will man nicht nur einen kompakten Teil, sondern im ganzen Gebiet eine Lösung konstruieren, so muß man eine Lösung in $G \subset G_0$ so in eine Summe zweier Lösungen aufspalten können, daß der eine Summand zu einer Lösung in G_0 fortgesetzt werden kann, während der andere Summand betraglich unterhalb einer vorgebbaren Schranke liegt; ferner muß die Grenzfunktion einer gleichmäßig konvergenten Reihe von Lösungen wieder eine Lösung sein. Im Fall holomorpher Funktionen sind diese Forderungen erfüllt (RUNGEscher Approximationssatz bzw. WEIERSTRASSscher Konvergenzsatz).

LITERATURVERZEICHNIS

[1] F. Conforto, Abelsche Funktionen und algebraische Geometrie. Berlin/Göttingen/Heidelberg 1956.

[2] Б. А. Фукс, Введение в теорию функций многих комплексных переменных. Изд. второе. Москва 1962.

[3] O. Lehto u. Virtanen, Quasikonforme Abbildungen. Berlin/Heidelberg/New York 1965.

[4] W. Osgood, Lehrbuch der Funktionentheorie, Bd. II/1. Leipzig/Berlin 1924.

[5] W. Tutschke, Das Reziprozitätstheorem für eine Klasse pseudoholomorpher Funktionen mehrerer komplexer Variabler. Sitzungsberichte d. Sächs. Akad. Wiss., Math.-nat. Klasse, **108**, Heft 5 (1969).

[6] W. Tutschke, Stammfunktionen komplexwertiger Funktionen. Sitzungsberichte d. Sächs. Akad. Wiss., Math.-nat. Klasse, **109**, Heft 2 (1970).

[7] W. Tutschke, Globale Konstruktion von Stammfunktionen im verallgemeinerten Sinn zu komplexwertigen Funktionen. Math. Nachr. **46**, 311—317 (1970).

[8] W. Tutschke, Konstruktion eindeutiger Stammfunktionen in mehrfach zusammenhängenden Gebieten. Mber. Dt. Akad. Wiss. **12**, 249—255 (1970).

[9] I. N. Vekua, Verallgemeinerte analytische Funktionen. Berlin 1963 (Übers. aus dem Russ.).

SITZUNGSBERICHTE DER SÄCHSISCHEN AKADEMIE DER WISSENSCHAFTEN ZU LEIPZIG

MATHEMATISCH-NATURWISSENSCHAFTLICHE KLASSE

Band 107

Heft 1 Prof. Dr. OTT-HEINRICH KELLER, Die Homologiegruppen der Flächen 3. Ordnung
1965. 15 Seiten — 8° — M 2,30

Heft 2 Prof. Dr. FRANZ RUNGE, Grignard und die nach ihm benannte Synthese
1966. 17 Seiten — 3 Abbildungen — 8° — M 2,30

Heft 3 Prof. Dr. KARL SCHMALFUSS, Zur Kenntnis der Bodenbildung
1966. 13 Seiten — 4 Tabellen — 8° — M 1,40

Heft 4 Dr. BODO RENSCHUCH, Verallgemeinerungen des Bezoutschen Satzes
1966. 41 Seiten — 8° — M 4,50

Heft 5 Prof. Dr. med. ROLF EMMRICH, Realität und Theorie des Alterns
1966. 20 Seiten — 9 Abbildungen — 8° — M 2,60

Heft 6 Prof. Dr. WILHELM MAIER, Nichteuklidische Volumina
1967. 20 Seiten — 16 Abbildungen — 8° — M 2,80

Heft 7 Dr. LOTHAR VON WOLFERSDORF, Zur Berechnung optimaler Strategien für Spiele über dem Einheitsquadrat mit an der Hauptdiagonalen unstetigen Auszahlungsfunktionen
1968. 53 Seiten — 8° — M 5,70

Band 108

Heft 1 Prof. Dr. PAUL GÖRLICH / Dipl.-Phys. DETLEF GÜLDNER / Dr. HANS-JOACHIM POHL, „Elektronische Spektralmessung" mit steuerbaren Photovervielfachern
1967. 12 Seiten — 9 Abbildungen — 1 Tabelle — 8° — M 2,10

Heft 2 Prof. Dr. MANFRED GERSCH, Neuroendokrinologie der Insekten
1968, 33 Seiten — 12 Abbildungen — 1 Kunstdrucktafel — 8° — M 4,—

Heft 3 Prof. Dr. HASSO ESSBACH, Die Bedeutung der Morphologie in der Heilkunde
1968. 16 Seiten — 1 Textabb. — 13 Abb. auf 8 Kunstdrucktaf., davon 11 vierfarbig
8° — M 12,80

Heft 4 Prof. Dr. OTT-HEINRICH KELLER, Über eine Definition von S. Lefschetz in der topologischen Schnitttheorie 1969. 29 Seiten — 1 Abbildung — 8° — M 4,—

Heft 5 Prof. Dr. WOLFGANG TUTSCHKE, Das Reziprozitätstheorem für eine Klasse pseudoholomorpher Funktionen mehrerer komplexer Variabler 1969. 19 Seiten — 8° — M 3,30

Heft 6 Prof. Dr. WALTER BREDNOW, Vom Lavater zu Darvin
1969. 31 Seiten — 14 Abbildungen im Anhang — 8° — M 5,50

Heft 7 Prof. Dr. FRANZ RUNGE, Organische Disulfimide in Wissenschaft und Technik
1970. 24 Seiten — 2 Abbildungen — 8° — M 3,60

Band 109

Heft 1 Prof. Dr. ERICH RAMMLER, Über die Theorien der Braunkohlenbrikettentstehung
1970. 38 Seiten — 13 Abbildungen, davon 2 auf 2 Kunstdrucktafeln — 8° — M 4,—

Heft 2 Prof. Dr. WOLFGANG TUTSCHKE, Stammfunktionen komplexwertiger Funktionen
1970. 20 Seiten — 8° — M 3,70

Heft 3 Dr. habil. GÜNTHER EISENREICH, Zur Syzygientheorie und Theorie des inversen Systems perfekter Ideale und Vektormoduln in Polynomringen und Stellenringen
1970. 88 Seiten — 8° — M 11,—

Heft 4 Prof. Dr. med. ROLF EMMRICH, Hochdruck und Hyperlipidämie (Hypercholesterinämie) als Risikofaktoren für die Entstehung der Arteriosklerosen
1971. 23 Seiten — 10 Abbildungen — 4 Tabellen — 8° — M 3,90

Heft 5 Prof. Dr. HANS DRISCHEL, Biologische Rhythmen
1972. 57 Seiten — 31 Abbildungen — 1 Tabelle — 8° — M 6,60

Heft 6 Prof. Dr.-Ing. Dr. h. c. KURT SCHWABE, Konzentrierte Elektrolytlösungen — Thermodynamische und kinetische Eigenschaften *In Vorbereitung*

Heft 7 Prof. Dr. WOLFGANG TUTSCHKE, Konstruktion von globalen Lösungen mit vorgeschriebenen Singularitäten bei partiellen komplexen Differentialgleichungssystemen *Vorliegendes Heft*

Einzel- oder Fortsetzungsbestellungen durch eine Buchhandlung erbeten

AKADEMIE-VERLAG · BERLIN

Zeitfracht Medien GmbH
Ferdinand-Jühlke-Straße 7
99095 Erfurt, Deutschland
produktsicherheit@kolibri360.de